¿Cómo se mueven?

Despacio

Sarah Shannon

Heinemann Library
Chicago, Illinois

Editorial: Rebecca Rissman and Siân Smith
Picture research: Liz Alexander
Translation into Spanish by DoubleOPublishing Services
Designed by Joanna Hinton-Malivoire
Printed and bound by South China Printing Company Limited

13 12 11 10 09
10 9 8 7 6 5 4 3 2 1

ISBN-13: 978-1-4329-3545-0 (hc)
ISBN-13: 978-1-4329-3551-1 (pb)

Library of Congress Cataloging-in-Publication Data

Shannon, Sarah.
 [Slow. Spanish]
 Despacio / Sarah Shannon.
    p. cm. -- (¿Cómo se mueven?)
  ISBN 978-1-4329-3545-0 (hb) -- ISBN 978-1-4329-3551-1 (pb)
 1. Mechanics--Juvenile literature. 2. Force and energy--Juvenile literature. I. Title.
 QC133.5.S53818 2009
 531'.11--dc22
                                     2009007710

Acknowledgments
The author and publisher are grateful to the following for permission to reproduce copyright material:
©Alamy pp.**10**, **23 bottom** (Jeff Morgan heritage), **15** (Kim Karpeles), **7**, **23 top** (Martin Harvey), **14** (Robert Harding Picture Library Ltd); ©Capstone Global Library Ltd. pp.**13**, **18**, **23 middle** (Tudor Photography 2008); ©Corbis pp.**6** (David Sutherland), **19** (image100), **4** (Phil Schermeister), **5** (Steve Raymer); ©Digital Vision pp.**8**, **20**; ©iStockphoto.com p.**21** (Robert Churchill); ©Lonely Planet Images p.**12** (Eric Wheater); ©Photolibrary pp.**17** (Alix Minde/Photoalto), **9** (Cheryl Clegg/Index Stock Imagery), **16** (Geoff du Feu/Imagestate RM), **11** (Sebastien Boisse/ Photononstop)
Cover photograph of a tortoise reproduced with permission of ©Digital Vision. Back cover photograph of a snail reproduced with permission of ©Digital Vision.

Every effort has been made to contact copyright holders of any material reproduced in this book. Any omissions will be rectified in subsequent printings if notice is given to the publisher.

Contenido

Mover

Las cosas se mueven de distintas maneras.

Las cosas se mueven en muchos lugares.

Mover despacio

Algunas cosas pueden moverse despacio.

Un camello puede moverse despacio.

Un caracol se mueve despacio.

Un bebé se mueve despacio.

Una aplanadora se mueve despacio.

Un bote se mueve despacio.

Empujar y jalar

Un jalón puede hacer que un botecito se mueva despacio.

Un empujón puede hacer que una puerta
se mueva despacio.

Mover más despacio

Una balsa se mueve más despacio que un barco.

14

Una bicicleta se mueve más despacio que un carro.

Cuando un ave comienza a bajar, se mueve cada vez más despacio.

Cuando uno deja de mecerse, el columpio se mueve cada vez más despacio.

Cuando uno deja de correr, se mueve
cada vez más despacio.

Cuando los carros bajan la velocidad, se mueven cada vez más despacio.

Cosas lentas

Las cosas se pueden mover despacio.

Nosotros nos podemos mover despacio.

¿Qué aprendiste?

- Las cosas se pueden mover despacio.

- Un empujón puede hacer que algo se mueva despacio.

- Un jalón puede hacer que algo se mueva despacio.

Glosario ilustrado

jalar hacer que algo se mueva hacia ti

empujar hacer que algo se aparte de ti

aplanadora máquina que rueda sobre las cosas y las aplasta

Índice

Nota a padres y maestros

Antes de leer

Hable con los niños acerca de diferentes maneras de moverse. A veces nos movemos rápido y a veces nos movemos despacio. Pida ejemplos a los niños de cuándo se mueven rápido (cuando juegan al fútbol, cuando compiten en carreras, cuando montan en bicicleta) o despacio (p. ej., en una tienda llena de gente, cuando hacen cola).

Después de leer

• Pida a los niños que trabajen con un compañero. Un niño mueve algo muy despacio (p. ej., un dedo, un hombro, la boca). ¿Qué tan rápido puede el compañero descubrir lo que se mueve?

• En el pasillo, pida a los niños que se muevan al ritmo de un tambor. Comience con un ritmo que los niños puedan seguir caminando rápido, y luego siga con un ritmo cada vez más despacio. ¿Pueden los niños mantener el equilibrio y caminar muy despacio?